爆笑化学江湖

酸碱神功相生相克

王冶 —— 著绘

U0160748

中信出版集团 | 北京

图书在版编目（CIP）数据

酸碱神功相生相克 / 王冶著绘 . -- 北京：中信出版社 , 2024.4（2024.10重印）

（爆笑化学江湖）

ISBN 978-7-5217-5736-1

Ⅰ . ①酸… Ⅱ . ①王… Ⅲ . ①化学－少儿读物 Ⅳ . ① O6-49

中国国家版本馆 CIP 数据核字 (2023) 第 086880 号

酸碱神功相生相克
（爆笑化学江湖）

著 绘 者：王冶
出版发行：中信出版集团股份有限公司
　　　　　（北京市朝阳区东三环北路27号嘉铭中心　邮编　100020）
承 印 者：北京尚唐印刷包装有限公司

开　本：787mm×1092mm　1/16　　印　张：38　　字　数：1000千字
版　次：2024年4月第1版　　　　　印　次：2024年10月第3次印刷
书　号：ISBN 978-7-5217-5736-1
定　价：140.00元（全10册）

出　品：中信儿童书店
图书策划：喜阅童书　　　　　　　策划编辑：朱启铭　由蕾　史曼菲
责任编辑：房阳　　　　　　　　　营　销：中信童书营销中心
封面设计：姜婷　　　　　　　　　内文排版：杨兴艳

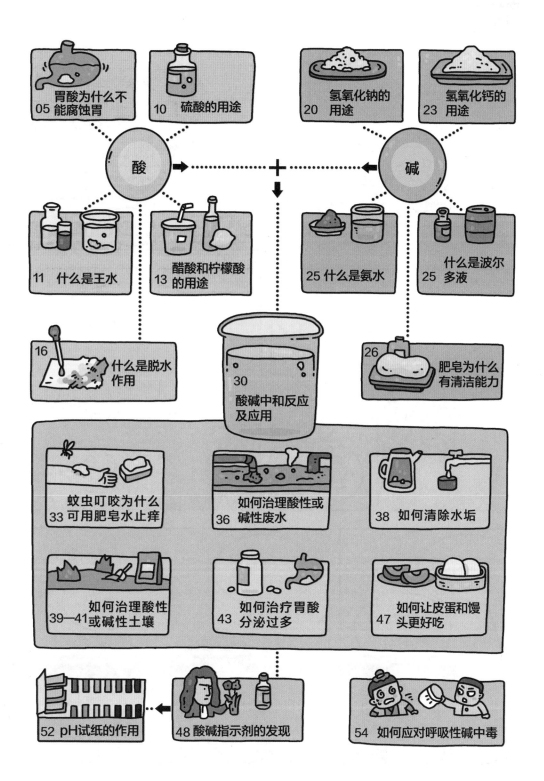

练功练饿了。

咱们找个地方去吃饭吧！

江湖饭庄

去那儿吧！

这馒头不好吃！颜色发黄，表面开裂，一定是发面的时候食用碱放多了。

我觉得这样的馒头挺好吃的，我最近胃酸分泌过多，正好用它来中和一下。

不好吃。

好吃，很好吃！

我们劝劝他们吧。

好呀！

你拿这么多骨头干吗?

拿去喂秃鹫呀,不能浪费。

秃鹫吞骨头?它能消化得了吗?

秃鹫胃液的酸性非常高,连金属都能溶解。消化骨头对它来说太轻松了。

那它不会把自己腐蚀个洞吗?

你胃里也有胃酸，也没见你自己被腐蚀了呀！

哎！对呀。这是为什么呢？

胃里面有一层胃黏膜。

胃黏膜 ——

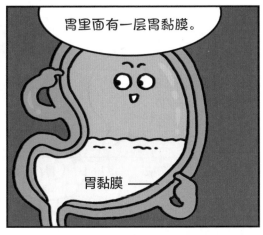

胃黏膜表面有一层碱性物质，叫作碳酸氢盐，可以中和胃酸。

胃黏膜的上皮细胞再生速度很快，如果受到损伤后可以快速修复。

哪里受伤补哪里。

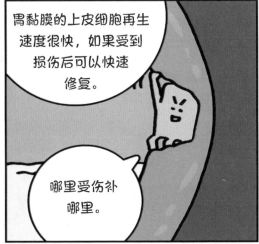

所以我们不用担心自己的胃酸把自己腐蚀，秃鹫也是一样。

哎呀！你再多喂点给它，它好像没吃饱。

酸是一类化合物的统称。

酸

将盐酸与水混合。

盐酸

水

氢离子

氯离子

盐酸在水中电离出氢离子和氯离子。

酸在水中电离出的阳离子都是氢离子，阴离子是酸根离子。

氢离子

酸根离子

酸的水溶液

盐酸是氯化氢的水溶液，有较高的腐蚀性，是一种常见的酸。

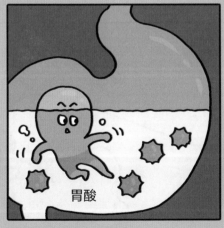

胃酸

胃酸的主要成分是盐酸。

微生物

胃酸可以消灭一些有害的微生物。

硫酸是一种无机化合物，能和大多数金属发生反应，有强烈的腐蚀性。

将铁勺放到硫酸中，铁勺很快就被溶解。

在对钢铁进行冲压加工或者镀锌工艺之前，都需要用稀硫酸对金属进行酸洗，清除金属表面的锈和杂质。

有些通渠剂（水管清洁剂）的主要成分是硫酸，可以溶解淤塞在管道里的食物残渣和油污。

使用这种酸性通渠剂的时候要保持管道干燥，否则硫酸与水反应放出热量，有可能会损坏管道。家庭使用的通渠剂以碱性为主。

我在外面捡了一个东西，你看这是不是一块金牌？

我看的确是块金牌，听说王水能把金溶解，咱俩试试？

将浓盐酸与浓硝酸调配成王水。

看，真的被溶解了。

王水腐蚀性太强大了。

注意安全 请勿模仿

告诉你一个好消息，你参加厨师大赛得了金牌，我给你带回来了。

呀！袋子漏了，金牌一定是掉在外面了。这也不知道是什么时候漏的呀。

哎呀呀！天哪！

他这是怎么了？金牌掉了就出去找呗，哭什么啊？

他……他可能是喜极而泣吧！

饺子煮熟了。

吃饺子得蘸醋。

食醋

醋酸是食醋的主要成分，在做菜的时候加入适量的食醋能增强菜肴的味道。

食醋能增进食欲，同时还利尿。

柠檬酸

果汁真好喝。

柠檬、柑橘、菠萝等水果中含有柠檬酸。

在果酱、果汁、饮料、罐头中，添加柠檬酸可以调节口味。

浓盐酸与浓硝酸按体积比3：1混合，能得到王水。王水腐蚀性非常强，甚至可以溶解金和铂。

王水

对抗硫酸 ▶ ▶ ▶

它们俩有点像呀!

确实有点像。

盐酸和硫酸溶液中都含有带电粒子。

盐酸　硫酸

盐酸、硫酸的水溶液中都能电离出氢离子和酸根离子,酸根离子不同,但都有相同的氢离子,所以酸类物质有相似的性质,比如腐蚀性。

氢离子　　　　酸根离子

氢和氧,你们俩都从里面出来!

氢

浓硫酸能将含有氢、氧元素的化合物中的氢、氧元素按水分子中氢、氧原子数的比(2:1)脱去,这种作用叫脱水作用。

硫酸

你看，这泡澡池里有一根大柱子。

泡澡池像不像一个铜火锅。

是有点像。

怎么了？

不好，咱们走吧！

氢氧化钠来了。

他遇水会放热。

那我就拐几颗土豆。

这能吃吗？

我觉得能吃，咱俩一会儿就把它吃光！

什么？他俩要吃我？

碱是一类无机化合物，这一类化合物都能在水溶液中电离出氢氧根离子。

碱在水中电离出的阴离子全部是氢氧根离子。

氢氧根离子

碱的水溶液

将氢氧化钠放入水中。

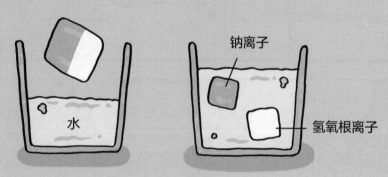

水

钠离子

氢氧根离子

氢氧化钠在水中电离出钠离子和氢氧根离子，氢氧化钠是一种碱。

用水对付我，根本没用。

哗啦啦！

厨房的油污太难清理了。

我找氢氧化钠来帮忙了。

在水里加一些氢氧化钠。

注意安全 请勿模仿

哗啦！

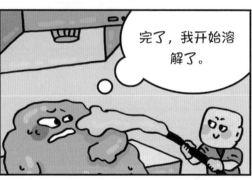

完了，我开始溶解了。

我把油污中的脂肪酸变成了溶于水的高级脂肪酸钠（肥皂的主要成分）和甘油，所以它就会随着水被冲走了。

氢氧化钠能破坏细菌的代谢功能。

氢氧化钠

氢氧化钠又称烧碱、火碱、苛性钠，是一种无机化合物。

氢氧化钠溶液可以用来杀菌，养殖场的工作人员会用它来给场所消毒。

氢氧化钠可以与油脂反应，含有氢氧化钠成分的清洁剂可以清除炉具、抽油烟机上的油污。

氢氧化钠还可以用来制作肥皂和洗涤剂，是一种很重要的化工原料。

氢氧化钙又叫熟石灰、消石灰，是一种无机化合物。

氢氧化钙

为什么叫熟石灰，难道还有生石灰吗？

当然有生石灰了。

石灰石 → 煅烧 → 生石灰 → 加水 → 熟石灰

氢氧化钙微溶于水，在水中会分为上下两层。

—— 澄清石灰水

—— 石灰浆（石灰乳）

秦朝时期修建的长城使用了大量的熟石灰。

石灰浆是一种建筑材料，可以用来粉刷墙壁，也可以用来作为砖石黏合剂。

秦长城，距今已有 2200 多年，依然非常坚固，是世界建筑史上的奇迹。

我施的都是天然无害液体肥。

你种的黄瓜真新鲜!

快递到了。

哎,来了。

他刚才说什么来着?天然液体肥?

天然液体肥,那不就是人的排泄物吗!

那我们帮他施点肥吧!

喂!你们俩在干什么?

哗啦啦!

施肥啊!

粪尿要通过厌氧菌分解,发酵产生大量碱性的氨之后才能作为肥料。

你知道为什么要把树干涂成白色吗？

白色的涂料是石灰浆，在秋天给树干涂上石灰浆可以助树木防寒防冻，还可以杀死在树皮裂缝中过冬或者产卵的害虫。

我也想被涂。

熟石灰

水

硫酸铜

波尔多液的成分是熟石灰、硫酸铜与水。

波尔多液是一种农药，可以防治蔬菜、果树、棉花等多种农作物的真菌和细菌病害。

氨水的成分是氨与水。

氨水肥料对植物的伤害性比较小，能将空气中的二氧化碳转变成植物所需要的盐类。

人们曾经用氨水作为基肥和追肥，有利于庄稼的生长。

来呀，跟我们强碱一起玩呀？

别过去，它们的腐蚀性很强。

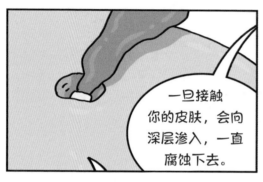

一旦接触你的皮肤，会向深层渗入，一直腐蚀下去。

脂肪和碱发生皂化反应，生成皂基，再经过进一步加工就可以制成肥皂。

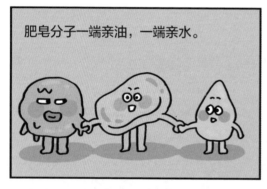

肥皂分子一端亲油，一端亲水。

亲油端拽住油分子，亲水端拽住水分子。随着水流，油污离开衣物，这就是肥皂具有清洁能力的原因。

制造肥皂的油脂来源于动物脂肪和植物脂肪，我身上的脂肪是不是也能用来做肥皂？

理论上是可以的。

我感觉它们很像。

确实有相似的地方。

氢氧化钠　氢氧化钙

强碱有非常强的腐蚀性，使用强碱时要做好保护措施，戴上护目镜很重要。

氢氧化钠和氢氧化钙溶液中都有带电粒子。

金属离子　　氢氧根离子

氢氧化钠、氢氧化钙的水溶液中都能电离出金属离子和氢氧根离子，它们的金属离子不同，但都有相同的氢氧根离子，所以碱类物质有相似的性质。

强碱：

强碱一般具有较高的溶解度，可以完全溶解于水中，强碱溶液的 pH 较高。强碱可以与酸发生剧烈的反应。

强碱常用于制备肥皂、洗涤剂、清洁剂、纸张等。

弱碱：

弱碱的溶解度一般较低，只能部分溶解于水中，弱碱溶液的 pH 相对较低。弱碱与酸的反应速度较慢。

弱碱常用于制备药物、化妆品、食品添加剂、肥料等。

酸与碱相互作用生成盐和水的反应叫作中和反应。

酸　碱　　　　盐　水

在氢氧化钠溶液中加入稀盐酸。

H^+ Cl^-

氢氧化钠

Na^+ OH^-

氯化钠

H_2O　Na^+ Cl^-

水

生成了氯化钠和水（像氯化钠这种由金属离子和酸根离子构成的化合物就是一种盐）。

硫酸　氢氧化钠　水　硫酸钠

如果氢氧化钠与硫酸发生反应，就会生成硫酸钠和水。

蚊子的嘴属于刺吸式口器。

口器里面有6根细管。

固定身体用

切开皮肤用

注射用

吸血用

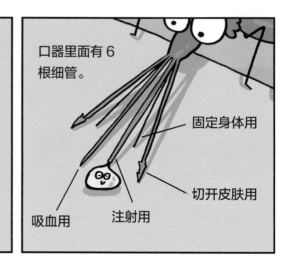

蚊子在吸血前会向人体内注射甲酸和抗凝血酶,方便它吸血。

为了对抗甲酸,人体会释放组胺。

组胺聚集在被叮咬的部位,加速血浆渗入组织,导致皮肤红肿起包,并引起瘙痒的感觉。

肥皂水属于碱性物质,能中和甲酸。

皮肤的刺激减小了，组胺的分泌也就减少了。

组胺减少，红肿和瘙痒的感觉也逐渐消失了。

刚才的蚊子又把我叮了。

涂一些肥皂水吧。

痒的感觉果然减轻了不少。

病毒

如果蚊子吸了已患病的人的血液而携带上病毒，再吸其他人血液的时候就会造成病毒的传播和扩散，由蚊子传播的疾病统称为蚊媒传染病。控制蚊媒传染病的发生需要展开灭蚊行动，下水道、水沟等有积水的地方是蚊子的繁殖场所，需要重点消杀。

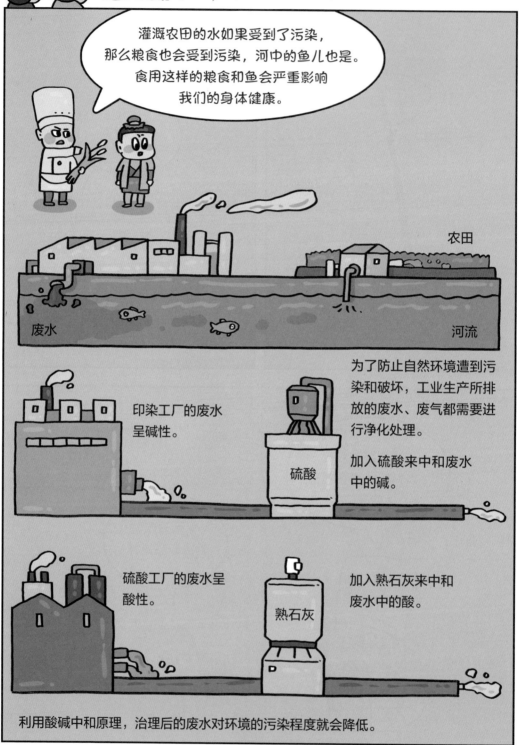

灌溉农田的水如果受到了污染，那么粮食也会受到污染，河中的鱼儿也是。食用这样的粮食和鱼会严重影响我们的身体健康。

农田

废水

河流

印染工厂的废水呈碱性。

硫酸

为了防止自然环境遭到污染和破坏，工业生产所排放的废水、废气都需要进行净化处理。

加入硫酸来中和废水中的碱。

硫酸工厂的废水呈酸性。

熟石灰

加入熟石灰来中和废水中的酸。

利用酸碱中和原理，治理后的废水对环境的污染程度就会降低。

你们泡的时间太长了，能不能换个池子？

我俩还没泡够呢！

你倒点热水，它们就走了。

我们是碳酸钙，水越热我们越牢固，更不会换地方了。

更舒服了！

我喝多了，想来点醋。

醋来了。

太酸了，我想吐。

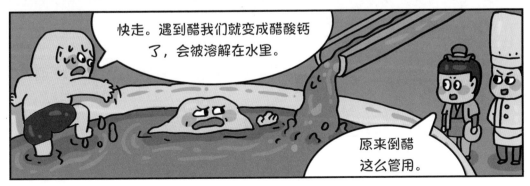

快走。遇到醋我们就变成醋酸钙了，会被溶解在水里。

原来倒醋这么管用。

热水壶使用久了以后，内胆上面就可能会积聚白色的水垢。其主要成分是碳酸钙、氢氧化镁。倒入食醋，醋（酸性）与水垢（碱性）发生中和反应，很容易就能将水垢去除。

土地中的水分蒸发后，盐分积聚在土壤表层。

盐碱地中钠离子、镁离子和钾离子过多，土壤缺乏营养，不适合农作物生长。

人类在生产和生活中向大气中排放大量的酸性物质，对环境造成了一定的破坏。比如二氧化硫，导致酸雨的形成，酸雨降落到地面，造成酸雨灾害。

酸雨使土壤酸化，农作物减产。

酸雨使森林死亡，动物生存环境恶化。

为了调节土壤的酸碱性，在酸性土壤地区，人们在土地里撒入熟石灰，因为熟石灰是碱性物质。

怎么显得很弱小无力的样子。

应该是土壤酸性过大。

利用酸碱中和的原理，改善土壤环境，以利于农作物的生长。

熟石灰不但可以消灭土壤里的害虫，还能为植物提供钙等矿物质营养。

少吃点我做的面包圈吧！吃太多了胃该受不了，吐酸水了。

"屁屁虫"！

别用手戳呀！

这种虫子叫气步甲，能喷出 100 摄氏度的高温毒液。

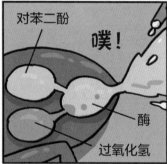

对苯二酚

噗！

酶

过氧化氢

你看这根筷子被毒液腐蚀成这样了。

来比比武呀？

好呀。

呜……

吃多了，胃酸分泌过多。

噗！

比武不带化学攻击的呀！你真过分。

经常吃甜食以及油炸、辛辣的食物，常喝饮料。

经常熬夜，生活不规律。

胃部有灼烧感。

你们一定是生活习惯不好，胃酸分泌过多！

吃点能中和胃酸的胃药吧。

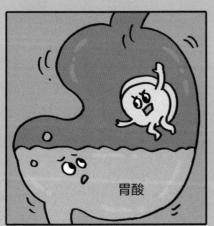

胃酸

胃酸的主要成分是盐酸。

感觉好多了，你也吃点。

中和胃酸的胃药主要成分是氢氧化铝、三硅酸镁。

利用酸碱中和的原理治疗胃酸过多。

胃液师傅把饭给你们做好了，该吃饭了。你们干什么去？

我们先玩一会儿，回来再吃。

饭呢？

没了，谁让你们不按时吃饭！

好饿呀！

吃饭要按时，这样胃液的分泌也会形成规律。

哇！

饭菜又来了。

好期待！

怎么什么也没有？

我就是给你们个教训，让你们体验一下失望的感觉！

看，我朋友送来了一些皮蛋。

太好了，我喜欢吃。

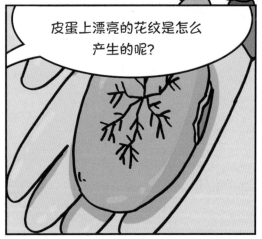

皮蛋上漂亮的花纹是怎么产生的呢？

鸭蛋的蛋壳实际上存在微小的孔洞。

氢氧化钠、碳酸钠等碱性物质穿过蛋壳，与蛋清蛋白质中的氨基酸发生化学反应。

形成了氨基酸盐。

氨基酸盐在蛋清表面形成结晶。

这就形成了皮蛋美丽的"花纹"。

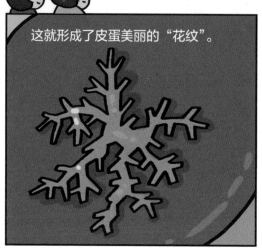

真漂亮呀！这些花纹跟松叶很像，所以皮蛋又叫松花蛋。

我也喜欢吃皮蛋。

你全吃啦？

一颗都没剩呀？

我现在感觉头有点晕。

有的皮蛋在制作过程中使用的材料含铅，一次性吃太多，容易导致铅中毒。

儿童要少吃这种含铅皮蛋，会影响智力发育。

皮蛋是中国特有的美食，已经有几百年的历史。

先在鸭蛋表面涂上由盐、茶及生石灰、草木灰、碳酸钠、氢氧化钠等混合而成的糊状物，再涂上谷糠，放入坛内密封，15~30 天即可完成。

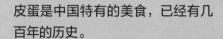

味道是不是更好了？

醋

确实。

人们在食用皮蛋的时候经常会加入一些醋，因为醋能中和皮蛋中的碱性物质，使皮蛋变得更加美味可口。

吃起来真香啊！

小苏打

向已经发酵的面粉中加入一些小苏打，能中和发酵过程中产生的酸性物质，这样蒸熟的馒头味道和口感会变得更好。

玻意耳在之后的研究过程中发现许多种植物花瓣的浸出液遇到酸性溶液或碱性溶液都会变色。

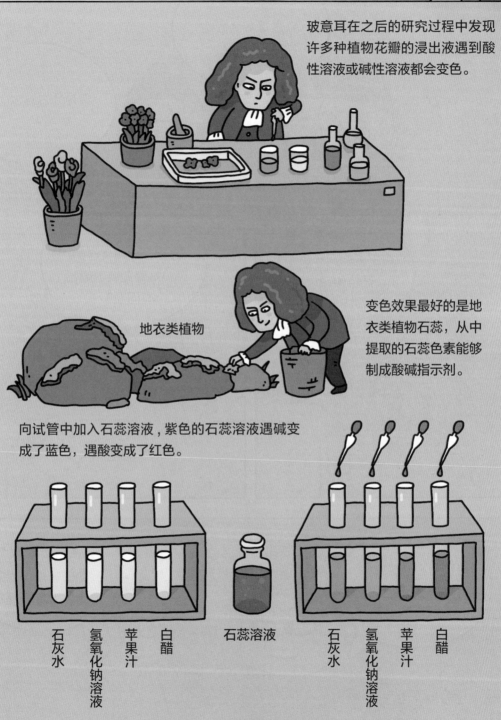

地衣类植物

变色效果最好的是地衣类植物石蕊，从中提取的石蕊色素能够制成酸碱指示剂。

向试管中加入石蕊溶液，紫色的石蕊溶液遇碱变成了蓝色，遇酸变成了红色。

石灰水　氢氧化钠溶液　苹果汁　白醋

石蕊溶液

石灰水　氢氧化钠溶液　苹果汁　白醋

绣球花

绣球花在酸碱度不同的土壤中开花颜色不同。土壤偏酸性，会开出蓝色的花朵。如果土壤偏碱性就会开出粉红色的花朵，在中性的土壤中会开出混色的花朵。

酸性 ◄——————————► 碱性

明年你希望它开蓝花就向土壤中淋硫酸铝溶液，开粉红花就淋石灰水。

那太好了，想不到我还可以通过改变土壤酸碱性来控制花朵的颜色。

石灰水   硫酸铝溶液

要想判断物质的酸碱程度最方便的方法就是用 pH 试纸。

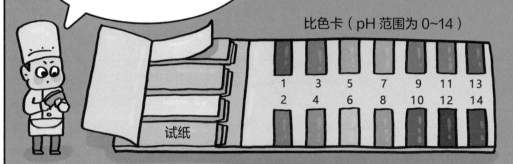

比色卡（pH 范围为 0~14）

| 1 | 3 | 5 | 7 | 9 | 11 | 13 |
| 2 | 4 | 6 | 8 | 10 | 12 | 14 |

试纸

溶液的酸碱度用 pH 来表示，用一条试纸与液体接触，再去跟比色卡比对，就能得出液体的酸碱程度。

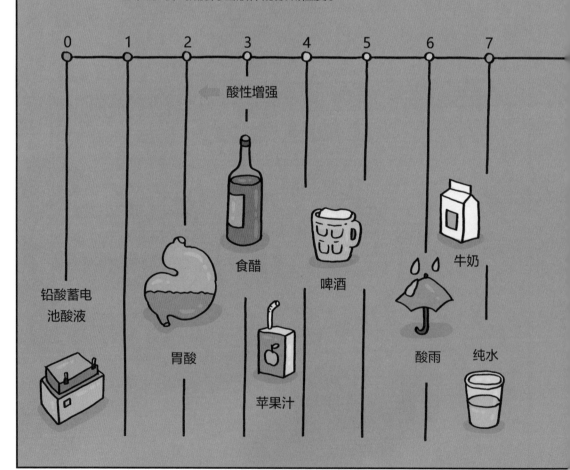

0　1　2　3　4　5　6　7

← 酸性增强

铅酸蓄电池酸液

胃酸

食醋

苹果汁

啤酒

酸雨

牛奶

纯水

% ￥#@&%
￥#@&

哎呀！真是气死我了。

吵架至于气成这样吗？

哎！你怎么了？

手像鸡爪子似的，身体麻痹了。

呼吸性碱中毒。

氢离子

人体的呼吸系统通过调节二氧化碳在血液中的浓度来维持血液的酸碱平衡。

他在吵架的过程中，情绪过于激动，呼出了过多的二氧化碳，使体内二氧化碳的排出速度大于产生速度，造成血液中氢离子的浓度降低，血液的 pH 升高，导致手足麻木、胸闷、胸疼等。

酸和碱都能用于家庭设施的清洁。

我真的离不开洗涤剂。没有洗涤剂，这些油污我没办法处理。

洗衣服离不开肥皂、洗衣粉、洗洁精等碱性产品。

食品加工行业离不开酸性和碱性添加剂。

土壤、水源、大气会受酸和碱的影响，产生自然灾害。需要人类用酸碱中和的方法去治理和改善。

建筑行业需要酸性材料和碱性材料。

酸和碱对于我们的生活来说是同等重要的。

多了解酸碱的知识，在生活中遇到这方面的小问题就会更容易解决。

甚至能避免一些危险。

来，干杯！不，是干馒头！

所以酸和碱应该学会和谐相处，以和为贵。

馒头做得太好吃了，味道刚刚好。